格林尼治天文台宇宙之书

时间的奇迹

[荷] 艾米丽·阿克曼斯◎著

[英] 扬·别莱茨基◎绘

陈冬妮◎译　卢晓春◎审订

童趣出版有限公司编译　　人民邮电出版社出版

北　京

图书在版编目（ＣＩＰ）数据

时间的奇迹 /（荷）艾米丽·阿克曼斯著 ；（英）扬·别莱茨基绘 ； 童趣出版有限公司编译 ； 陈冬妮译. -- 北京 ：人民邮电出版社，2024.2
（格林尼治天文台宇宙之书）
ISBN 978-7-115-62755-1

Ⅰ．①时… Ⅱ．①艾… ②扬… ③童… ④陈… Ⅲ．①时间—少儿读物 Ⅳ．①P19-49

中国国家版本馆CIP数据核字(2023)第184205号

著作权合同登记号　图字：01-2023-3725

The Wonders of Time
First published in Great Britain in 2023 by Wayland
Text © National Maritime Museum, Greenwich, London 2023
Illustration and Design © Jan Bielecki 2023
All rights reserved.

本书插图系原文插图，审图号：GS京（2023）1804号。

著　　　：[荷] 艾米丽·阿克曼斯
绘　　　：[英] 扬·别莱茨基
译　　　：陈冬妮
审　订：卢晓春
责任编辑：何　醒
执行编辑：张丽艳
责任印制：李晓敏
封面设计：段　芳
排版制作：北京唯佳创业文化发展有限公司

编　译：童趣出版有限公司
出　版：人民邮电出版社
地　址：北京市丰台区成寿寺路11号邮电出版大厦（100164）
网　址：www.childrenfun.com.cn

读者热线：010-81054177
经销电话：010-81054120

印　刷：北京华联印刷有限公司
开　本：889×1194　1/16
印　张：3
字　数：85千字
版　次：2024年2月第1版　2024年2月第1次印刷
书　号：ISBN 978-7-115-62755-1
定　价：48.00元

目 录

时间是什么？

时间是很有意思的东西。关于时间的说法有很多：

时间是种幻想！

时间根本不存在！

当你开心时，时间过得很快！

但到底什么是时间？它从何时开始，又将在何时终结？我们很容易把时间视为想当然的事，但类似这样的问题，却让科学家和哲学家饶有兴致地思考了多个世纪。

地球上的时间

千年	1000年
世纪	100年
年	365天或366天（闰年）
月	1年有12个月
周	1周有7天
日	1天有24小时
1小时	1小时有60分钟
1分钟	1分钟有60秒
1秒	1秒为铯-133原子完成 9192631770个跃迁辐射周期所用的时间（详见29页）

时间无处不在

时间在今天的科技和工程等很多领域扮演着非常重要的角色。我们用时间来记录事件，思考什么是过去的，什么是将要发生的。我们还要花时间睡觉、吃饭、工作和娱乐。

如今，时钟、手表和智能手机已被人们广泛使用，我们可以很轻易地知道时间，但在很久以前，我们必须抬头看太阳和其他恒星才能判断时间。

时间是什么？

时间可以是很多东西。它可以被描述为一系列事件，从过去通往未来。

时间也可以是一种尺度。它既可以是一段很长的时间——一年、十年或者一个世纪，也可以是很短的一段时间——几小时、几分钟或者几秒。

你认为时间是什么？

有时，我们觉得时间过得飞快，几小时短暂得像几分钟；而另一些时候，我们又感觉时间过得很慢，度日如年。通常这样的"慢时光"都发生在你做着自己并不喜欢的事情时。

但你知道吗，你对时间变化的感觉，会随着年纪的变化而发生改变。

当你还是小孩子时，会觉得时间似乎永无尽头，生日似乎要等一个世纪才能过一次。但随着年纪的增长，你会觉得时间过得很快，飞逝而去。

时间消逝的速度

阿尔伯特·爱因斯坦（1879—1955）在20世纪早期提出了关于时间的颠覆性理论，即"相对论"。相对论听起来很复杂，不过你不用担心，简单来说就是，你运动的速度越快，时间消逝得就越慢。因此，从理论上讲，如果你能够以超过光速的速度旅行，就能够让时间倒流！

不幸的是，没有任何一种物质的运动速度能够超过光速。如果我们想来一场穿越时空之旅，只能另寻他途了。

1 时间和宇宙

时间的开始

一种关于时间的理论认为，时间起始于大约138亿年前的大爆炸，整个宇宙爆炸并开始膨胀。但并不是所有人都同意大爆炸就是时间起点的观点，我们可能永远不会得到真正的答案。在这本书中，我们的宇宙时间之旅就由此开始吧。

宇宙时间线

大约136亿年前

大约138亿年前

大爆炸

银河系形成

快速开启

在大爆炸之前，整个宇宙比一粒尘埃还小，而且温度高得难以想象。大爆炸过程非常短暂，但宇宙自那时起就一直在膨胀，同时也渐渐冷却了下来。

随着时间的流逝，太空中的尘埃、气体和石块形成了行星、卫星、小行星、彗星，构成我们的太阳系和宇宙中的众多星系。我们的银河系也于大约136亿年前形成。

目前，我们的太阳正值壮年，地球则更年轻一些。从宏大的时间尺度上看，太阳和地球都很年轻！

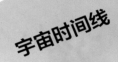

天文学家认为，银河系有1000亿~4000亿颗恒星，太阳只是其中的一员。

今天

约46亿年前

约45.4亿年前（误差5000万年）

太阳形成

地球形成

回望过去

你知道你可以回望过去吗？当我们抬头仰望夜空中的恒星时，我们就是在回望过去。原因如下。

一光年就是光在一年的时间里，在太空中穿行的距离，约为9.46万亿千米。光速为每秒30万千米！太阳距离我们只有8.3光分远，大约是1.5亿千米，是距离我们最近的恒星。我们仰望夜空时看到的恒星，通常距离我们有几百光年远。

因此，我们看到的可能是几百年前遥远的恒星发出的光。使用最好的望远镜，我们甚至能够回望130亿年前的恒星！

太阳系

如果有人向你询问时间，你只要看看手机或者时钟，就能够告诉他准确的时间，精确到秒。你还能告诉他准确的日期，包括年、月、日。但我们是如何做到这一点的呢？这和太阳系有什么关系呢？

太阳

我们的太阳是太阳系的中心，奇妙得不可思议。它是一颗正在燃烧的炽热恒星，主要由氢和氦构成。

太阳是一个无法拜访的死亡之地，其最热部分的温度超过1500万摄氏度！

但如果没有太阳的光和热，地球上就不会有生命存在了。我们的太阳绝对是太阳系的主宰，其强大的引力让地球和其他7颗行星安稳地运行在各自环绕太阳的轨道上。

太阳实在太大了，它的直径约为140万千米，是太阳系最大行星——木星直径的10倍。

宇宙的运动

太阳系的所有行星都围绕着太阳公转，行星自身也会绕自转轴自转，这两种运动对人类来说都十分重要。这些旋转决定了一颗行星上一年的长度，一年有多少天，以及一天的长度。

地球绕太阳公转的轨道是椭圆形的，就像鸡蛋那样。

地球上的一年大约有365天。在这段时间里，地球绕太阳公转一周。我们把这段时间称为一个太阳年，它是阳历的基础（详见16页）。

同时，地球还绕自转轴自转。地球自转一周大约需要24小时，我们把这段时间称为一天。

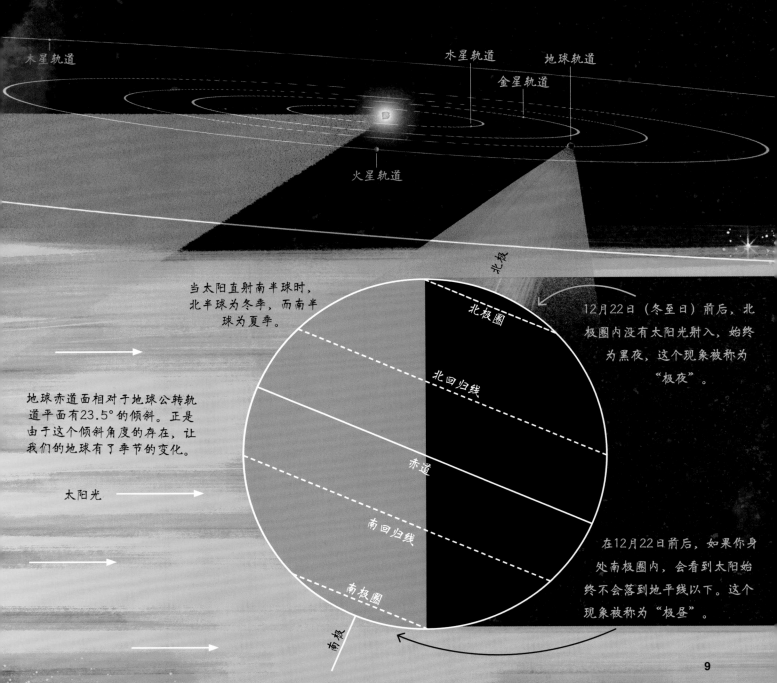

木星轨道

水星轨道　地球轨道

金星轨道

火星轨道

北极

当太阳直射南半球时，北半球为冬季，而南半球为夏季。

北极圈

北回归线

12月22日（冬至日）前后，北极圈内没有太阳光射入，始终为黑夜，这个现象被称为"极夜"。

地球赤道面相对于地球公转轨道平面有23.5°的倾斜。正是由于这个倾斜角度的存在，让我们的地球有了季节的变化。

太阳光

赤道

南回归线

南极圈

南极

在12月22日前后，如果你身处南极圈内，会看到太阳始终不会落到地平线以下。这个现象被称为"极昼"。

太空中的时间

太阳　　**岩质行星**　　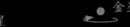　水星　　金星　　地球　　火星

水星

地球

内太阳系

水星绕太阳公转的速度远比我们的行星快，水星上的一年只有88个地球日。然而，水星的自转速度却非常慢。水星上的一天大约相当于59个地球日，或者说是1416小时（地球时间）。

金星上的时间可能是最奇怪的。金星上的一年大约是224.7个地球日。但金星的自转速度太慢了，金星上的一天长达243个地球日。金星上的一天要比一年时间更长。换句话说，在金星上，你可以在出生当天就庆祝自己的1岁生日！

火星上的一天与地球上的一天非常接近。一个火星日只比一个地球日长39分35秒（地球时间）。不过如果你生活在火星上，就会深知那里漫长而冰冷的冬夜有多么难熬。

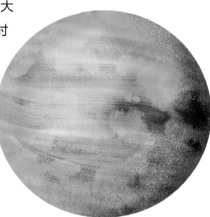

金星

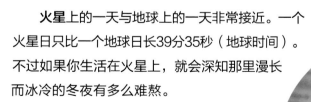

火星

八大行星与太阳（按距离比例）

太阳　水星　金星　地球　火星　　　　　　　　木星　　　　　　　土星

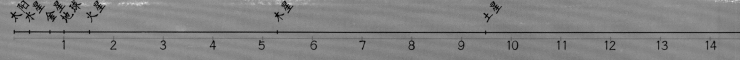

1　2　3　4　5　6　7　8　9　10　11　12　13　14

我们的太阳系共有8颗行星：位于内太阳系的是岩质行星，即水星、金星、地球和火星；位于外太阳系的是气态巨行星木星和土星，以及冰质巨行星天王星和海王星。让我们一起看看在地球以外的七大行星上，时间是什么样的。

气态巨行星　　土星　　　　　　　　　冰质巨行星

木星　　　　　　　　　　　　　　　天王星　　海王星

外太阳系

木星是太阳系最大的行星。木星绕太阳公转一周需要4333个地球日，约为12个地球年的时间。地球上一位十二三岁的少年，在木星上只有一岁。木星自转一周只需要9小时55分30秒。

土星与木星相似，日短年长。因为土星与地球一样拥有倾斜的自转轴，所以土星上也有季节变化。

天王星距离太阳大约为29亿千米。与太阳系其他行星都不同的是，它是躺着公转的！在天王星的北极，一个冬夜要持续21个地球年的时间。

海王星距离太阳太远了，它绕太阳公转一周要耗时约165个地球年，即一个海王星年约等于60190个地球日！你在海王星上的暑假可以长达15047天（中国约为10000天）。不过你要想在海王星上找到一处海滩是不可能的，那里异常寒冷、大风呼啸而过，且根本找不到一处坚硬的地面！

木星

天王星

土星

海王星

你更喜欢哪一种？木星的日短年长，还是金星的日长年短？

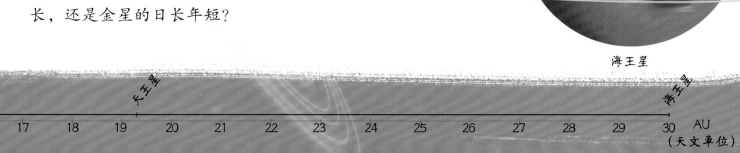

17　18　19　20　21　22　23　24　25　26　27　28　29　30　AU

（天文单位）

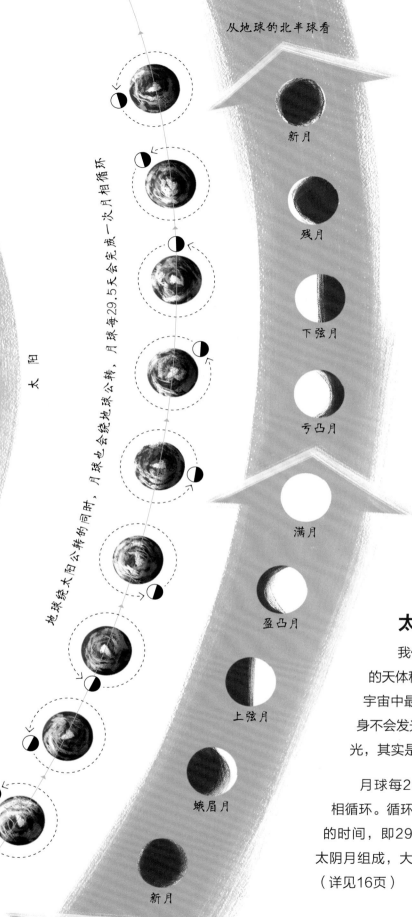

太阳

地球绕太阳公转的同时，月球也会绕地球公转，月球每29.5天会完成一次月相循环

新月

残月

下弦月

亏凸月

满月

盈凸月

上弦月

蛾眉月

新月

几千年来，人类都是通过观测太阳来计时的，不过其他天体也扮演着非常重要的角色。

月球和恒星

太阴时

我们把像月球一样绕地球等行星公转的天体称为"天然卫星"。月球是我们在宇宙中最近的邻居。与太阳不同，月球自身不会发光发热，非常寒冷。我们看到的月光，其实是月球表面反射的太阳光。

月球每29.5天就会完成一次八相位的月相循环。循环一次所用的时间就是一个太阴月的时间，即29天或30天。一个太阴年由12个太阴月组成，大约为354天。这就是阴历的基础（详见16页）

蛇夫座

恒星时

恒星与我们的太阳相似，只是因为距离太远，在地球上的我们看它们就是一个个小小的光斑了。同样因为距离太远，它们看起来几乎不移动。这也是我们把它们称为"恒星"的原因。人类为这些恒星绘制了星图，用它们来标记太阳和月球随时间改变的位置。

黄道（下图所示曲线）是太阳相对于恒星背景的移动轨迹。将太阳一年时间内相对于恒星的位置进行连线，你就能绘出黄道。（当然地球也在运动，地球上的我们观测到的是太阳的"视运动"。）

因为地球自转轴有23.5°的倾斜角，所以黄道是一条弯曲的线

黄道星座

星座由一组构成某种图样的恒星组成。黄道星座就是沿着黄道排列的若干星座。天文学家利用这些星座来标记太阳、月球和行星的运动。

如果你听说过占星术，可能就会知道这12个星座的名字：白羊座、金牛座、双子座、巨蟹座、狮子座、室女座、天秤座、天蝎座、人马座、摩羯座、宝瓶座和双鱼座。你知道吗？其实天文学家还标记了第十三个黄道星座，它就是位于天蝎座和人马座之间的蛇夫座。

秋分

夏至

天赤道

黄道

春分

冬至

天赤道

黄道

黄道

十一月　十月　天秤座　九月　室女座　狮子座　八月　七月　巨蟹座　六月　双子座

天蝎座

地球　太阳

十二月　人马座　一月　摩羯座　二月　宝瓶座　三月　白羊座　双鱼座　四月　五月　金牛座

2 自然界的时间
时间的形状

如果你被问到这样的问题：请举例说明时间是什么。你会如何回答呢？你可能会说时间是一段时期，例如青铜时代或者中世纪。时间可以是一千年、一个世纪、十年或者一年。我们还可以继续划分时间为月、周、日、时、分、秒。但我们为什么会这样划分时间呢？

时间看起来……

在一些人看来，时间是线性的，好似离弦的箭，来自过去指向未来。

对于另一些人来说，时间是循环的，即所有事物都会重复出现。很多古老的文明认为时间是周期性的，因为他们观察到我们身边的大自然就是这样的：

季节循环变化……

白昼转为黑夜……

古埃及人发现，尼罗河每年会定期泛滥，他们的历法就是以此为基础制定的。

终点即开端

一些古老的文明注意到大自然的这些重复规律后，认为宇宙也是周期性循环的，创生、运用、毁灭……每一次循环结束，创生就会重新开始。纳瓦人是美洲的原住民，分布在现在的墨西哥和中美洲地区，他们认为截至14世纪，这样的宇宙循环已经发生过4次了。

纳纳瓦特辛是备受纳瓦人崇拜的太阳神。

开始……然后结束！

时间是线性流逝的观点来自伊斯兰教、犹太教和基督教文化传统。在这些教义里，时间始自"创世神"，终有一天神会结束一切。

我们用公元前（BC）和公元（CE）纪年也源自这里，公元纪年以基督诞生日为起点记录时间。基督诞生的那一年即公元元年，任何发生在此之前的事件都被记为公元前。

人们对"世纪"的表述也与此有关，公元1世纪指的是从公元1年到公元99年，20世纪指的是1900年到1999年的100年。

每年循环的天气模式，如旱季……

……雨季

这两种对时间的看法，哪种更吸引你？是永恒的循环还是一去不复返的时间之箭？

划分一年

太阳和月球的运动规律是人类制定历法的基础。但无论是阳历还是阴历都不像我们以为的那样简单和精确。让我们更仔细地看看这两种时间。

阴历

阴历是世界上最古老的历法。它们大多开始于一次新月或蛾眉月，但古印度历法和藏历则以一次满月为起点。目前阴历主要在伊斯兰国家使用。

阳历

阳历基于农耕社会的需要，历经多个世纪演变而来。在古玛雅和古埃及，人们利用季节变化来制订耕种和收获的计划。

很多文明都根据太阳来安排社会生活，但使用日历时都遇到了一些问题。这是因为一个太阳年的长度是365.2425天，如果不能恰当地处理这0.2425天（约$\frac{1}{4}$天），就会不可避免地遇到"日历漂移"的问题。日历漂移指的是日期逐渐和季节不对应的现象。在早期历法中，这是个常见的问题。

地球需要365天另加$\frac{1}{4}$天才能完成绕太阳一周的运动。这是一个太阳年的长度。但月球完成12个公转周期只需要354天。

用置闰法来拯救

今天，世界各国使用最多的是格里高利历。为了解决一个太阳年多出来的 $\frac{1}{4}$ 天，格里高利历采用年份是4的倍数（但年份是100的倍数时，必须是400的倍数）置一个闰年的办法，使历法与天体循环的周期同步。这人为增加的一天就是2月29日，被称为"闰日"。如果有人恰好在2月29日出生，那就有趣了，他（她）每4年才能过上一次生日！

穆斯林的斋月是理解阴历和阳历区别的最好范例。一个太阴年有354.3671天，而一个太阳年则有365.2425天。所以从格里高利历看，每年的斋月都会提前大约11天到来。

各式各样的历法

虽然今天广泛使用的是格里高利历，但并不是每个国家都用它来纪年。埃塞俄比亚和尼泊尔使用的是自己独特的历法。伊朗和阿富汗则使用伊斯兰历。沙特阿拉伯同时使用伊斯兰历和格里高利历。很多国家同时采用两种或两种以上的历法，一种用于日常生活，另一种则用于宗教活动或传统节日活动，如孟加拉国、埃及、印度、伊拉克、以色列、利比亚、缅甸、巴基斯坦、索马里、阿拉伯联合酋长国和也门都是采用这种方式来安排社会生活的。

混合历法最妙

阴阳合历是兼具阳历和阴历两种历法特点的混合历法，兼顾了太阳和月球的运动规律。犹太人是最早通过计算成功采用阴阳合历的民族。佛教徒和印度教徒都使用阴阳合历。中国的农历也是阴阳合历。

周与小时

你是否曾思考过，为什么每周会有7天，每天会有24小时呢？

不等长的日与夜

地球绕自转轴自转一周所用的时间被定义为"一天"。4000多年前的古巴比伦人生活在今天的伊拉克和叙利亚一带，他们根据自己的经验把一天划分为12小时的白昼和12小时的黑夜。

但在赤道以北或以南的地方，一年中的昼夜长短是不断变化的。夏日昼长夜短，冬日昼短夜长。为了解决这个问题，古希腊和古罗马采用动态小时或不均匀小时来计量时间。这就意味着夏季白昼1小时的长度要比冬季白昼的1小时更长。

用现代表盘表示古罗马时代的夏季时间是这样的：

黑夜时长

日落

日出

白昼时长

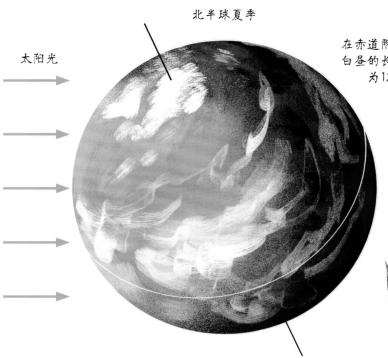

北半球夏季

太阳光

南半球夏季

在赤道附近地区，白昼的长度始终约为12小时

北半球白昼长，南半球白昼短

北半球白昼短，南半球白昼长

七个昼夜

星期的由来很有趣。它是唯一一个不基于天文周期的历法时间单位，已在世界各地使用了几千年。

古巴比伦人崇尚"7"这个数字。在犹太教和基督教中，上帝用7天的时间创造了世界。罗马人继承了古巴比伦人的传统，以天空中肉眼可见的天体来命名一星期里不同的日子：

太阳（Sun）= 星期天（Sunday）

月球（Moon）= 星期一（Monday）

火星（Mars）= 星期二（Tuesday）

水星（Mercury）= 星期三（Wednesday）

木星（Jupiter）= 星期四（Thursday）

金星（Venus）= 星期五（Friday）

土星（Saturn）= 星期六（Saturday）

你可能会问，太阳系其他两颗行星，即天王星和海王星哪里去了。其实这两颗行星是肉眼看不见的，在给一星期的各天命名时，还没有人知道它们的存在！

火星

金星

19

生物钟

地球上的生命也会受到天体的影响。太阳的光和能量对于地球上的所有生命来说都是至关重要的。我们生活中看似无关紧要的小事，其实都和太阳密切相关。

自然节律

如果你习惯早起，而且一起床就精力旺盛，那么你很可能就是一只"早起的鸟"。如果你喜欢晚起，而且在夜晚精力充沛，那你就是一只标准的"夜猫子"。无论你是哪种类型，这些作息规律都可以称作你的生物钟。

这些作息规律是由你的昼夜节律——与生俱来的生物钟所决定的。昼夜节律会影响你身体的激素、温度和你的饮食习惯。它们也决定了你何时精力满满，何时会感到困倦。随着年纪的增长，你的昼夜节律也会发生变化。

动物习性

动物与人类一样，也有自己的昼夜节律，习语"夜猫子"和"早起的鸟"就来源于此。

很多动物，例如蝴蝶和鸣禽，与人类一样都有昼行性的生物钟。它们和我们一样，在白天会保持活跃的状态。

另外一些动物则是夜行者，喜欢在夜晚出没。狐狸和猫头鹰就是最典型的代表。

如果你有一只宠物兔或者仓鼠，你可能会注意到，它们在黄昏时分会变得更加活跃。这些动物被称为"晨昏性动物"，相较于一天中的其他时段，它们更喜欢黄昏和黎明。很多弱小的动物都是晨昏性动物，因为这样更有利于它们成功避开掠食者。也有些晨昏性动物是为了利用这些时段躲避酷热的白昼，例如生活在沙漠地区的动物。

椋鸟群飞

定时迁徙

椋鸟和其他很多鸟类会利用太阳的位置来"计算"每年迁徙的时间，并依靠太阳导航。与其他动物一样，它们也能感知一年中白天长度的变化。这些本能会告诉它们何时开始迁徙，何时开始休眠。

屏幕困扰

很多人认为电子屏幕能影响人的生物钟。屏幕发出的光会向你的大脑传递虚假信息，让你即使在深夜也会觉得还是白天，从而让本应该感到困倦的你精神抖擞。这也是在上床睡觉前几小时内，你最好避免使用电子产品的原因。

3 测量时间

早期计时

人体就像一架精美的机器，能够同时完成成千上万个不同的任务，但在测量时间方面却没那么精准。所以，我们需要利用各种仪器来为自己测量时间。早在几千年前，我们的祖先就发明了测量时间的仪器。

影子和星星

日晷是测量时间的仪器。当太阳光照射在日晷上时，晷针的影子会投到晷面上。晷针就像现代钟表的指针，晷面好似钟表的盘面，以此来显示时间。日晷计时离不开太阳，所以在夜晚它们就失效了。

2013年，考古学家在埃及的国王谷发现了一个日晷，这是目前已知最古老的日晷之一，距今已有约3500年的历史。

目前世界上最大的石制日晷位于印度的斋浦尔，它高达27米，有大约300年的历史。

古代中国的日晷

夜间定时仪

与日晷相对应的，在夜里用来计时的仪器称为"夜间定时仪"。它们发明于欧洲中世纪时期，是根据夜空中恒星的位置来定时的。

使用夜间定时仪时，需要先把仪器调整到正确的日期，通过仪器中间的小孔找到北极星，然后将指针指向大熊座的一颗目标恒星。

伊斯梅尔·阿尔·贾扎伊里设计的大象水钟

水、火和沙子

水钟是一种古老的测量时间的装置，在中国又叫作"刻漏""漏壶"。往一个底部有小孔的大碗里盛满水，水会从小孔缓慢地流入大碗下方的容器。通过测算有多少水从大碗流入下一级的容器中，我们就能得知过去了多长时间（然而，水钟的问题是水会因高温蒸发而减少，或因低温而结冰）。

伊斯梅尔·阿尔·贾扎伊里是一位杰出的伊斯兰博学家，他于公元1206年绘制了最复杂、最不可思议的水钟图。这座大象水钟就是一个完美的范例。

香钟起源于印度，但从公元1世纪起盛行于中国。盘香上有均匀的刻度，点燃盘香，盘香上的刻痕会随着时间的推移燃尽消失，你根据这些刻度就能测算出逝去的时间，几分钟、几小时甚至几天。还有些香钟上会悬挂着几根用细线悬着的金属小球，随着绳线烧断，绳线下悬挂的金属小球就会掉落到金属盘子里，发出报时声响。

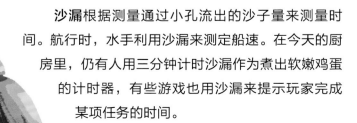

沙漏根据测量通过小孔流出的沙子量来测量时间。航行时，水手利用沙漏来测定船速。在今天的厨房里，仍有人用三分钟计时沙漏作为煮出软嫩鸡蛋的计时器，有些游戏也用沙漏来提示玩家完成某项任务的时间。

机械时间

第一座机械时钟问世于欧洲中世纪（476年至1640年）末期的13世纪，但计时很不精准。那时的机械时钟只有时针，一天下来会快或慢超过15分钟。钟表匠、天文学家和数学家都致力于提高时钟的守时精度。

公共时钟

在机械时钟作为计时器的早期，大多数人无法在自己家里知道时间，所以位于社区中央的钟塔就有特别重要的意义。在欧洲的城镇和乡村，钟塔上响起的钟声意味着集会和市集的开始或结束。

齿轮和传动装置

早期的机械钟由三部分构成。由重锤或发条构成的驱动装置，能让时钟保持运转。齿轮或传动装置能够将驱动力传递给指针。最后，一种被称为"擒纵装置"的特殊部件能让齿轮以恒定的速率运转。

在大多数钟表里，能让指针保持恒定速度运转的装置被称为"原始平衡摆"。它是一根末端配有重物，能够来回摆动的细杆。但原始平衡摆并不十分精准，其不均匀的摆动会让钟表出现或快或慢的情况。

原始平衡摆

摆钟

1657年，荷兰人在钟表制作方面取得了巨大的突破——摆钟问世了。与早期机械钟采用原始平衡摆进行计时不同，钟摆利用单摆的等时性来达到计时的目的。由于单摆的摆长和所受的地球引力是一定的，所以完成一次摆动的时间是相同的，摆动非常稳定。这些摆钟比早期的机械钟精准多了。

"钟表"（clock）一词源自拉丁语"clocca"，本意就是"钟"。

表

今天的智能手表功能堪称惊人。它们能告诉你时间，计算你的步数，测量你的心率，甚至还能接打电话！

可你知道吗，最早的表诞生于16世纪，它们同样令人赞叹，即使它们的计时精度还没那么高。发条、齿轮和平衡装置等机械部件被完美地装配到一个小圆壳内，装饰也很精美，上面布满雕花、红宝石、钻石和繁复精细的珐琅。

位于山顶的摆钟要比位于海平面的摆钟运行得慢。这是因为山顶的地球引力更小。

划分一天

你通常几点起床？你可能会说7点半起床，又或者说差半小时8点起床。人们在和别人说一天中的时间时有什么规则吗，是不是世界各地的人都遵循同样的规则呢？

24小时制的时钟和12小时制的时钟

24小时制的表盘显示从1时到24时。时钟的时针每个昼夜绕表盘转一圈。

12小时制的表盘只显示1时到12时。这意味着12小时制的时钟，时针每个昼夜要转两圈。

我们对时间的表述方式就来自这两种表盘。当时钟的分针竖直指向表盘顶端，而时针指向某个数字时，我们说此刻的时间是几点整。

当时针不是精确指向某个数字时，我们就要看分针来判断时间。分针的指向可以告诉我们已经过了多少分钟。

大多数表盘都有60个小刻度来表示每小时的60分钟。表盘上相邻两个数字的间隔代表5分钟时长。因此，当某个整点过后，如果分针指向数字3，就意味着此刻的时间是整点过15分钟；如果分针指向数字5，则意味着此刻的时间是整点过25分钟；如果分针指向数字10，就是整点过50分钟。

在左侧这个表盘上，时针已经走过数字3，分针指向数字2。因此现在的时间就是3点10分。但无法知道是凌晨3点10分还是下午3点10分。

上午和下午

在很多英语国家，人们将上午简写为"a.m."，把下午简写为"p.m."。"a.m."是拉丁语"*ante meridiem*"的缩写，意为"正午前"。"p.m."是拉丁语"*post meridiem*"的缩写，意为"正午后"。

但正午和子夜又该如何表示呢？到底用a.m.还是p.m.呢？如果你把正午写为12 p.m.，有人会误认为是子夜。同样，如果你把子夜写为12 a.m.，又会有人误认为是正午！因此，很多人建议把正午写为12：00，把子夜写为24：00，这样就不会误解了。或者干脆就说"正午"和"子夜"！

正午
下午
上午
12：00
9 a.m.
3 p.m.
白天
日落
6 p.m.
6 a.m.
日出
黑夜
3 a.m.
9 p.m.
傍晚
凌晨
24：00
子夜

已过半小时还是还差半小时？

在某些语言中，如德语、荷兰语和挪威语，更习惯采用"还差半小时到几点"的表述方式。如他们说6点半时，会省略"还差"，简化为"半小时到7点"。如果你习惯于"几点已过半小时"的表述，那么在上述语境里，你会发现自己迟到了整整1小时。

重新定义时间

在摆钟问世后的250年里，它一直是世界上最精确的计时器。但到了20世纪，科技迅猛发展，我们与时间的关系也发生了巨大的变化。时间不再由我们身处的宇宙定义，而是由地球上的微小原子来定义。

时间"振荡"

1927年，第一台石英钟横空出世。但它的工作原理是什么呢？

当在石英晶体的两极施加电压时，晶片会发生振动，就像教堂的大钟或者音叉受到碰撞会振动一样，只不过石英晶体的振动频率要稳定得多，这也是石英钟的计时精度远比摆钟的高的原因。

石英计时器的问世对于体育竞赛来说是个好消息。日本精工株式会社制造了世界上第一个便携式石英钟。1964年在东京举办的奥林匹克运动会马拉松比赛，就是用该公司所生产的石英钟计时的。

石英晶体

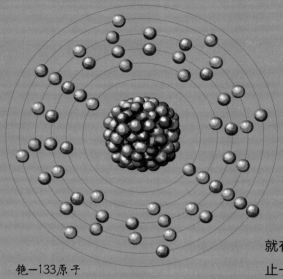

铯-133原子

不可思议的精准度

当今世界上最精准的计时器是原子钟。原子钟能够测量微小原子的振荡频率。现在，国际计量大会对一秒的定义是：铯-133原子完成9192631770个跃迁辐射周期所用的时间。如果你对此一无所知也不用担心，很多人和你一样不懂。面对这些越来越精准的计时仪器，我们确实该好好思考一下时间到底是什么，我们又该如何解释它。

现在原子钟的使用非常普遍，甚至会用于太空活动。比如，美国就有超过30颗人造卫星携带着原子钟，且每颗卫星携带的原子钟还不止一个。这些原子钟向地球发出信号，使我们能够知道时间，以及依此定位和导航。

目前最精密的原子钟精度可达每3000亿年误差仅为1秒。

所有的智能手机和智能手表都依赖原子计时技术或石英计时技术计时。不过原子钟体积太大，没办法嵌入智能手表里，所以智能手表仍以石英晶体来计时，并接收发自卫星上的原子钟的信号，这样保证了它显示时间的准确性。原来我们的智能手机和智能手表一直在与它们太空中的伙伴保持着联系呢！

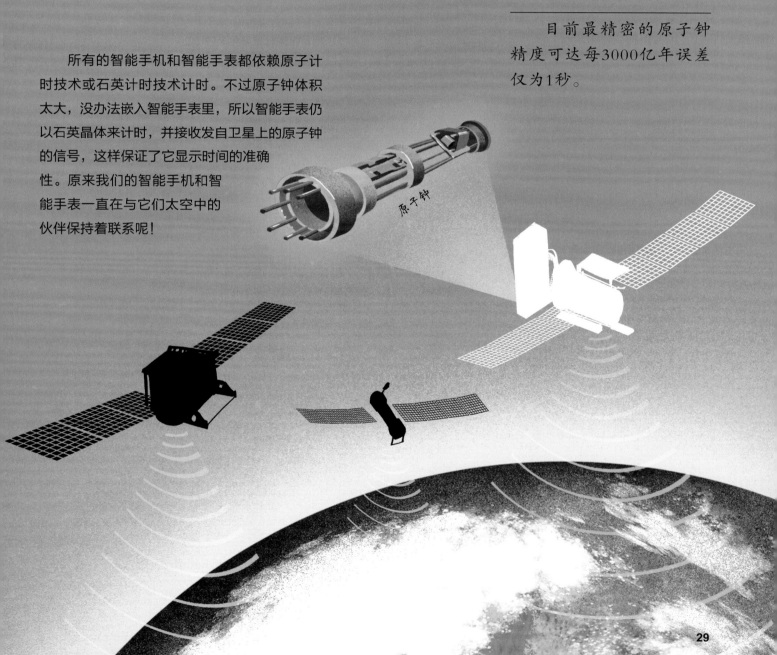

原子钟

4 协调时间

本地时间

我们已经知道，水、火、钟摆、石英晶体和原子都可以帮助我们计量时间。但它们并不能告诉我们，如何知道它们显示的时间是正确的还是错误的。

何时是正午？

你可能会惊讶地发现，在人类历史的大多数时间里，彼此相邻的城市同一时刻所指的时间是不同的。这是因为我们计时依靠的是太阳的运动。

一天的正午是指太阳运行到天空最高点的时刻。

在19世纪，很多城镇都以正午时刻作为时钟的12点。这种时间被称为"本地时间"。这就意味着德黑兰正午的时间与马什哈德正午的时间是不一样的，尽管它们都是伊朗的城市。之所以会这样，是因为德黑兰远在马什哈德的西边，对德黑兰的人们来说，正午要来得更晚一些。

你选择谁的时间？

位置偏东或偏西导致的时间差异，会给人们带来麻烦。假设有个住在尼日利亚最东边的男孩，想与住在尼日利亚最西边的姑姑在首都阿布贾见面。如果他们是按照各自的本地时间约定见面时间的，那么这个男孩就会比他的姑姑提早40分钟到达，但他们都可以声称自己是准时到达的。

几千年来，古人并没有被时差问题所困扰。以前的人们并不像今天的人这样如此频繁地旅行，就算旅行也多是骑马或者乘船，旅行速度很慢。人们在缓慢的长途旅行中，会逐步适应到访地点的本地时间。

高速世界

直到近些年，我们才需要考虑不同地方的时钟要彼此同步的问题。19世纪50年代之前，旅行和通信的速度都很慢，即便芝加哥的时钟比纽约的时钟慢55分钟，人们也会觉得没什么关系。那这一切是从何时，又是因何而发生改变的呢？

更快的速度

1800年，从纽约到芝加哥的旅行要花大约6周的时间。到了1830年，旅行时间已经缩短至大约3周。再到1857年，由于铁路的兴建，人们在这两座城市之间旅行只需要2天时间！

19世纪，人们生活的方方面面都在迅猛发展：

· 电报和电话的出现让人们可以远距离快速传递信息。

· 铁路将不同的国家、城市、乡镇连接起来。

· 汽船和快速帆船以前所未有的速度运输着来自世界各地的货物和旅客。

· 深埋在海底的海底电缆使得信息可以瞬间从一块大陆传输至另一块大陆。

电报

速度=混乱

对于19世纪的人们来说，电报信息就好似今天我们的手机短信那样。不同的是，你要发送和接收电报信息必须得去电报局。

电报员会为你转译信息，这些信息通常以莫尔斯电码的形式发出。这些迅捷的信息让生活在世界各地的人们产生了"本地时间"的困惑。东部向西部发来的信息，似乎来自未来时空。

可怕的时间表

如果你觉得电报带来的问题令人困惑，那就想象一下维多利亚时代乘火车出行的人们要面对的困扰吧。从19世纪40年代开始，铁路已将英国主要的城市和乡镇连接起来了。而奔驰的火车可能会按照利物浦、爱丁堡时间，甚至是英式橄榄球比赛的时间来运行。

乘客不得不随身携带复杂的时间表，才能知道一列火车在某一站到达和离开的时间。这些时间表列出来所有列车经过车站的本地时间，以及不同火车站之间的时间差。

随着全世界各领域技术的发展，协调全球时间变得越来越必要。

协调时间

为了让我们联系日益紧密又越来越迅捷的生活变得更轻松，现在我们有了统一的时间标准。这意味着生活在同一区域或同一国家的人都采用同样的时间。

标准时间

法定时间是某个区域采用的标准时间。任何具有法律效力的文件，例如出生证明和结婚证书，都必须采用该区域的法定时间。

格林尼治平时（GMT）是天文学家在伦敦的格林尼治天文台测定的时间。他们根据恒星和太阳的运动来测定这个时间，并用一座特别的时钟来显示。1880年，英国议会通过法案，确定格林尼治平时为全英国的法定标准时间。在20世纪早期，很多国家都以格林尼治平时作为本国法定时间的基础。

1972年，协调世界时（UTC）取代格林尼治平时，成为世界时间的标准。它由遍布在全球70个国家授时实验室的400座原子钟共同确定。

位于伦敦的格林尼治天文台

调整时间系统

有些国家会在一年中的某段时间，根据季节变化同步调整时间系统，目的是让人们充分利用光照。

1810年，当时的西班牙议会修改了议会召开时间，每年10月到来年4月，从上午10点开始举行，而在每年的5月至9月，召开时间调整为上午9点。他们并没有改变时钟时间，而是调整了开会时间。

夏令时是人类调整时间系统来适应生活的另一个例子。在采用夏令时的地方，人们在晚春时节会将时钟向前拨1个小时，到了秋季再拨回来，这样就可以获得更多黄昏时的日照。刚调整至夏令时，人们可能会感到不习惯，因为我们的生物钟需要一点时间来适应。

西班牙议会

并不是所有的国家都采用夏令时。夏令时对远离地球赤道，位于赤道偏北或偏南的国家才更有意义。因为在这些国家，一年中不同季节的日照时间会发生非常大的变化。而且也不是每一个采用夏令时的人都会喜欢它！有些人甚至坚决反对，认为夏令时已经过时，为现代生活带来了不必要的麻烦。

时区

现在，我们每个人都可以轻易地知道世界上任何地方的时间。这是因为我们都采用协调世界时，只要用简单的算术计算一下便可知。但在地球这么大的范围内，协调世界时是如何奏效的呢？

北美洲

格陵兰岛
−3

协调世界时
(UTC)

0

英国格林尼治
UTC 0

−4

−5

欧洲

卢森堡
+1

0

+1

+2

+4

+6

+8

+7

俄罗斯

+9

亚洲

+3

+6

+1

伊朗
+3.5 巴基斯坦
+5

中国
+8

+9

非洲

巴林
+3

印度
+5.5

+6.5

+7

−2

加纳
UTC 0

新加坡
+8

−4

南美洲

−1

+4

+5

阿根廷
−3

+2

+6

+9.5

澳大利亚

+8.75

正午还是午夜？

幅员狭小的国家要确定一个时间标准是件很容易的事，例如巴林、卢森堡或者新加坡。但要为全世界确定时间标准就难多了。如果全世界都采用精确一致的时间，这将导致某些地方的正午可能出现在下午3点或者上午7点，甚至是午夜！谁还能在中午吃到午饭呢？

因此，我们采用划分时区的办法来解决这个问题，生活在同一个时区的人们采用相同的时间标准。理论上，我们应该按经线从东到西将地球划分为24个相等的时区，相邻两个时区的时间差为1小时。但实际上，这样划分显然行不通，因为各大洲和各国的边界都不是直线。

哪个时区？

实际上，时区是沿着边界线来划分的，例如国境线或者海岸线等。

很多欧洲国家采用欧洲中部时间。一些国家幅员辽阔，采用多时区制，例如俄罗斯和美国。

世界各地的标准时间用正负UTC的形式来表示。协调世界时0时的国家包括加纳、冰岛、马里、葡萄牙、塞内加尔和英国。其中一些国家会在一年中的某段时间使用夏令时。

当你想给另一个国家的人打电话时，切记先查查时差，否则你可能会一不小心吵到对方的好梦！

-12

+11

-11   -10   -8

俄罗斯楚科奇自治区
+12

美国阿拉斯加
-9

-7

格陵兰岛
-3

-4

0

-1

冰岛

北美洲

+11

-12   -11

-9

-10

美国

-2

国际日期变更线

-12

-11

+13

-8

巴拿马
-5

哥斯达黎加
-6

+1

马里
0

大洋洲

+12

-4

南美洲

非洲

-1

阿根廷
-3

-4

时差变化综合征是因个体的昼夜节律受到干扰而造成的。如果你曾有过一段长时间飞行去遥远国家旅行的经历，那么你肯定知道什么是时差变化综合征。你可能一整天都得保持清醒，因为你离家出发时是晚上，而当你到达目的地时，当地已经是清晨了！让自己的生物钟适应当地时间，可能要好几天的时间。

-12

5 时间的奇迹

寿命

人类可以测量时间，制定时间标准，但这到底有什么意义呢？时间是如何影响我们生命进程的？在浩渺的宇宙中，每个人类个体拥有多少时间呢？

人类世界

人类的平均寿命为60~70岁，长寿者可达100多岁。詹妮·路易斯·卡门是著名的长寿之人。1875年，她生于法国，1997年去世，寿命为122岁164天。

自然界

有些物种的寿命比人类更长。

大多数长寿的动物生活在海洋中。

格陵兰鲨的寿命为300~500岁。雌性鲨的童年期可以持续100~150年。

其他长寿的物种还有**红海胆**、**弓头鲸**，二者的寿命都超过200岁。

加拉帕戈斯象龟也很长寿，最年老的象龟寿命已经超过150岁。

不过，最令人惊异的当属灯塔水母，它们有"永生水母"之称。如果受伤，它们能返老还童继续存活。但这并不是说所有的灯塔水母都会永久地活着。如果它们运动的速度不够快，还是会成为其他生物的盘中餐！

并不是所有的动物都这样幸运。可怜的家鼠只能活1~3年。蜉蝣的寿命则更短，成虫只能存活24小时。

300多万秒的学校生活

我们都知道如何用时间来表示年纪。但生活中的其他事情呢？我们要花去多少时间吃饭、睡觉或者上学呢？

如果你每晚睡8小时，差不多是一天的$\frac{1}{3}$，那么你全部寿命的$\frac{1}{3}$都用来睡觉了。如果你能活到80岁，那么全部的睡觉时间就接近27年！

此外，你是不是觉得自己要花好多时间来上学？其实并没有你想的那么长。在中国，小学阶段学生的平均在校学习时间大约是每年1020小时，也就是42.5天，或者61200分钟，或者大约367万秒。

你一生要花掉大约4.5年的时间来吃饭。有些人看电视用的时间可能比吃饭用的时间还多，甚至达到8.4年！

———————————
你最喜欢的消磨时光
的方式是什么？

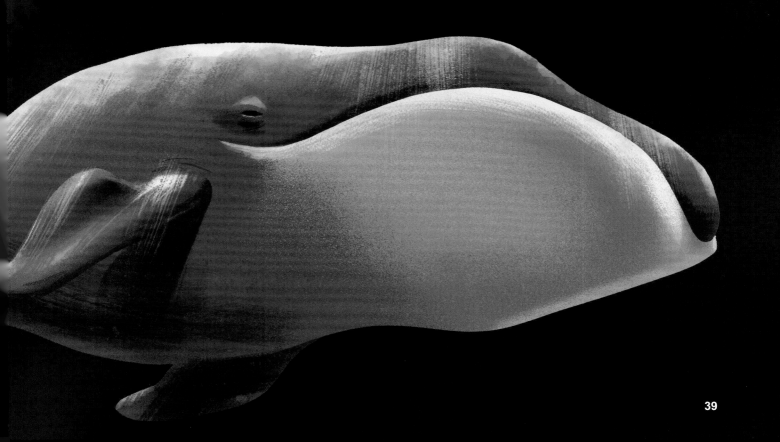

美好时光

将我们度过的所有美好时光都记到脑子里是不可能的。有人用写日记的方式来帮助自己记住那些生命中重要的事情。但我们该如何与未来沟通呢？

来自过去的信息

"时间胶囊"是存储和分享时光的一个好办法。胶囊里可以装入任何你想装入的物品。

人们通常会把刊有国王加冕或者总统大选这样重要新闻的报纸装入时间胶囊。但还有不少人认为，时间胶囊的内容应该是日常生活的细节以及流行文化，因为这些才是真正能够代表某个时代的物品。

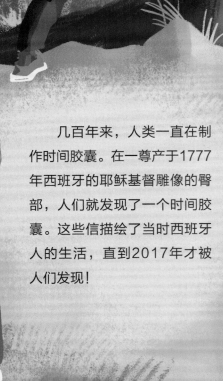

几百年来，人类一直在制作时间胶囊。在一尊产于1777年西班牙的耶稣基督雕像的臀部，人们就发现了一个时间胶囊。这些信描绘了当时西班牙人的生活，直到2017年才被人们发现！

发往未来的信息

你想过要制作一个时间胶囊吗？你可以尝试自己做一个，把它放到室内或室外都行。当你制作时间胶囊时，有几件事儿别忘记。

首先，你要想清楚，自己做的时间胶囊是给谁的。你可以做给你的儿孙。他们应该很乐意知道你最喜欢的运动是什么，有什么特殊爱好，或者你是如何度过周末的。你可以告诉他们谁是你的朋友，你为什么喜欢他们。

其次，你必须十分慎重地选择埋藏时间胶囊的地点，并牢牢记住，不然未来他们会找不到。

旅行者1号和旅行者2号携带的金唱片封面

太空中的信息

1977年，名为"旅行者1号"和"旅行者2号"的两艘探测器将时间胶囊送入太空。目前它们已经离地球非常远了。旅行者1号自2012年起就进入了星际空间，旅行者2号也于2018年进入。星际空间的意思是"在恒星之间"，即在我们的太阳系之外！如果外星生命能够发现旅行者号携带的时间胶囊，他们就会接收到用55种不同语言表达的问候，以及地球上存在的各种声音（如鸟鸣、风暴声或者动物的叫声），还有不同时代、不同文化的音乐。

神奇的时间

时间真神奇！我们用时间规划生活的同时，时间的概念已经深深植入世界各地的语言中。我们创造了很多有关时间的谚语和诗词。

这些关于时间的谚语和诗词，你知道它们的意思吗？

一寸光阴一寸金，寸金难买寸光阴。

快乐的时光去如飞。

盛年不重来，一日不再晨。

人类惧怕时间，但时间惧怕金字塔。

机不可失，时不再来。

逝者如斯夫，不舍昼夜。

时间是最好的试金石。

时间是伟大的作者，能写出未来的结局。

你最喜欢的有关时间的词句是什么？我最喜欢的是"不知日月"，因为那个时候我一定玩得非常高兴！

在我们生命的每一天里，我们对时间的感知都是不同的，但我们的手表、时钟却以不变的速度记录着时间。时间真的是匀速流逝的吗？

时间旅行

还记得爱因斯坦的相对论吗？他说过时间是相对的。

科学家利用原子钟和飞机来检验爱因斯坦的理论。他们先把4个原子钟分别放在设有"时钟"专座的4架飞机上。然后让这4架飞机分别朝4个不同的方向飞行，最后都降落在美国海军天文台。

科学家把这4个经历过飞行的原子钟与留在地面的原子钟做对比。结果发现，飞行的原子钟记录的时间要比留在地面的原子钟记录的短。这就证明爱因斯坦的理论是正确的，你运动的速度越快，时间流逝得就越慢！

时间的未来

所以，时间的未来是什么？没有人知道答案。有些科学家甚至对时间的存在产生怀疑。不过别担心，他们仍然相信我们对时间的感知是真实存在的。这就意味着，虽然我们不确定如何定义科学和哲学意义上的时间，但我们仍可在日常生活中愉快地使用时间。

目前，我们不可能穿越到未来或者过去去寻找答案，所以我们能做的就是不停地学习和提出问题。

自大爆炸以来，宇宙一直在膨胀。但它会一直膨胀下去吗？如果答案是"不会"，那么宇宙什么时候会停止膨胀？停止膨胀后宇宙的一切又会重新开始吗？

世界七大著名时钟

虽然今天大多数人都有手机或者手表，不用再依赖公共时钟知晓时间安排生活，但世界各地仍有很多值得一看的著名时钟。

许愿鱼钟位于英国的切尔滕纳姆，是凯特·威廉斯于1985年设计的。威廉斯是一位童书作家、插画师。这座钟讲述的是一只每天下蛋的鹅、一条会吐泡泡的鱼，以及躲避一条蛇的老鼠一家的故事，钟上还有多个影像卡通人物。

许愿鱼钟

在突尼斯的泰斯图尔，你能很容易找到泰斯图尔清真寺。它的尖塔（塔楼的一种）非常独特，因为尖塔实际上是一座机械钟。尖塔与钟楼一样，曾经服务于宗教。宣礼师要在尖塔顶部宣布祈祷时刻的来临。而泰斯图尔的机械钟奇特的地方在于，它是逆向运行的！更加令人惊奇的是，没人知道它为什么会这样。

在法国的布卢瓦有一幢可爱的房子，里面有一架龙机械钟。从房子表面你看不到任何地方有时间显示，但每隔半小时，龙就会突然从窗口出现！这幢房子是为了纪念19世纪的魔术师和发明家让-尤金·罗伯特-乌丹而建的。

泰斯图尔清真寺

龙机械钟

如果你喜欢木偶剧，那么有一座大钟你一定要去看看，它位于格鲁吉亚的首都第比利斯。钟塔位于一座大剧院旁，有人把它称为"第比利斯斜塔"，因为塔看起来就像要倒下了。每到整点，露台的窗口就会出现一个天使，用锤子敲响铃铛。在天使下方，你能看到一个男木偶和一个女木偶表演的人的一生的木偶剧。

如果你对1206年的伊斯兰人伊斯梅尔·阿尔·贾扎伊里设计的水钟感兴趣，可以去阿拉伯联合酋长国的迪拜，在那儿的一处商场里陈列着根据设计师图纸等比例复原的大象水钟。这座水钟上有一条下潜的龙，大象上坐着一个敲着铙钹的人，钟顶还有一只小鸟，每隔30分钟小鸟就会啾啾鸣叫。

第比利斯斜塔

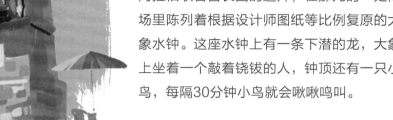

大象水钟

要想看到世界上最大的机械钟，你得去中国的赣州，那里有巨大的和谐钟塔。大钟的钟面直径有近13米，分针长达7.8米，相当于一个12岁儿童身高的5倍。

日本横滨的宇宙时钟21摩天轮是全世界最大的摩天轮之一。摩天轮的直径有100米，中心显示着数字时间。它有60个吊舱，每个吊舱就像传统钟表的指针一样绕着中心旋转。摩天轮每转一圈用时约15分钟，如果你想知道1小时有多长，就必须绕转整整4圈！

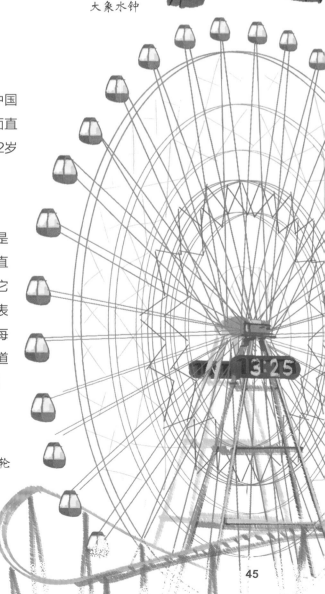

宇宙时钟21摩天轮

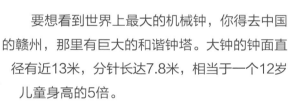

和谐钟塔

词汇表

本地时间： 由太阳决定的时间。当太阳位于天空中最高点时就是当地的正午，每个地方的本地时间不一样。为了避免计时问题，我们使用标准时间而不是本地时间。

标准时间： 一个国家或地区的官方时间。也就是在指定区域内，所有的时钟都显示同样的时间。

博学家： 在很多方面都十分擅长的人。他们可能是语言或数学方面的专家，会吹小号，会弹奏竖琴，能参加奥运会的游泳竞赛，还是校队的主要人物。历史上有很多杰出人物被认为是博学家。他们对很多学科都有研究，而不像现在的我们只专注于某个特定领域。

晨昏性动物： 在晨昏时段活跃的动物。比起白天和夜晚，这些动物更喜欢黎明和黄昏时段。如果月光足够亮，有些动物会更晚一些出来活动。

动态（不均匀）小时： 古希腊和古罗马曾采用过的特殊计时法。当把一个昼夜划分为12小时的黑夜和12小时的白昼时，就会产生动态小时。在赤道附近，黑夜和白昼的小时时长大致相等。但远离赤道，越向南方或北方移动，一年中白昼和黑夜的小时时长变化就越大。在冬季，白昼的12小时更短；在夏季，白昼的12小时更长。

格里高利历： 今天世界上很多地方都采用格里高利历。格里高利历的1个标准年有365天。每4年会有1个闰年（但年份是100的倍数时，必须是400的倍数才是闰年），闰年有366天。这相较于更早的儒略历是非常大的改进，可以避免日历漂移问题。

光速： 物理学重要的计量单位，是物体运动能够达到的最快速度。光速是常量，也就是说它的数值总保持不变，299792458米/秒。这是光在真空或宇宙空间中运动的速度。

轨道： 空间中一个天体围绕另一个天体运行的路径，例如行星围绕恒星运动。

黄道： 太阳相对于恒星背景的视运动轨迹。黄道星座沿着黄道排列。

原始平衡摆： 早期机械钟表中擒纵结构的一部分，用来控制指针。

擒纵装置： 它们与驱动装置、传动装置一起构成机械钟表，是机械钟表的重要组成部分。它们决定了钟表运行的速度快慢。今天的机械钟表仍在使用。

日历漂移： 当日历记录的时间与季节不再匹配时，即发生了日历漂移。早期的阳历，例如罗马人使用的儒略历，就有这个问题。儒略历定义的年比实际的年长一点点，故经过很长时间后，季节性的节日就会不再与季节匹配。

夏令时： 这是赤道以北或以南很多国家的习惯。在一年中的部分时间里，他们会将时钟拨快1个小时，以更好地利用夏天傍晚的阳光。

星际空间： 恒星间的宇宙空间。大致始于太阳系之外。

夜间定时仪： 利用恒星来测量夜间时间的仪器。从欧洲中世纪直到18世纪，天文学家和水手在夜晚都使用夜间定时仪来测时。

原子： 构成物质的微观粒子，是化学变化中的最小粒子。原子由中子、质子和电子构成。各种原子一起构成了我们周围的一切，从水到空气、沙子、岩石等。

钟摆： 钟摆作为控制器用于机械钟表。钟摆能够规律地控制表盘显示的时间。钟摆的摆动频率是由地球引力和钟摆的长度决定的，守时精度高。

昼行性动物： 在白昼活跃的动物。大多数哺乳动物和鸟类是昼行性动物。人类也是昼行性动物，白天工作、娱乐，晚上睡觉。

昼夜节律： 这是生物体适应外界环境的昼夜变化而建立起的规律，几乎所有的生命都有。这些节律让我们的身体知道何时醒来，何时进食，何时入睡。

作息规律： 你的作息规律决定了你什么时候感到困倦，什么时候保持清醒。在人的一生中，作息规律可能会发生改变。小婴儿睡得多但醒得早。青少年则更喜欢晚睡晚起。但随着人们逐渐变老，早晨醒来的时间也越来越早。

索 引